AF125088

BEI GRIN MACHT SICH IHR WISSEN BEZAHLT

- Wir veröffentlichen Ihre Hausarbeit, Bachelor- und Masterarbeit

- Ihr eigenes eBook und Buch - weltweit in allen wichtigen Shops

- Verdienen Sie an jedem Verkauf

Jetzt bei www.GRIN.com hochladen und kostenlos publizieren

Bibliografische Information der Deutschen Nationalbibliothek:

Die Deutsche Bibliothek verzeichnet diese Publikation in der Deutschen National-bibliografie; detaillierte bibliografische Daten sind im Internet über http://dnb.d-nb.de/ abrufbar.

Impressum:

Copyright © 2016 GRIN Verlag
Druck und Bindung: Books on Demand GmbH, Norderstedt Germany
ISBN: 9783668625792

Dieses Buch bei GRIN:

https://www.grin.com/document/388616

Maren Humbert

"Power-to-Gas". Die Nutzung der deutschen Erdgasinfrastruktur im Rahmen der Energiewende

GRIN Verlag

GRIN - Your knowledge has value

Der GRIN Verlag publiziert seit 1998 wissenschaftliche Arbeiten von Studenten, Hochschullehrern und anderen Akademikern als eBook und gedrucktes Buch. Die Verlagswebsite www.grin.com ist die ideale Plattform zur Veröffentlichung von Hausarbeiten, Abschlussarbeiten, wissenschaftlichen Aufsätzen, Dissertationen und Fachbüchern.

Besuchen Sie uns im Internet:

http://www.grin.com/

http://www.facebook.com/grincom

http://www.twitter.com/grin_com

FOM Hochschule für Oekonomie und Management
in Essen

Bachelor of Arts
(Business Administration)

8. Semester

Seminararbeit im Wahlpflichtmodul

Energiesektor

Nutzung der deutschen Erdgasinfrastruktur
im Rahmen der Energiewende

von

Maren Humbert

Essen, den 06. August 2016

Inhaltsverzeichnis

Abkürzungsverzeichnis

CNG	Compressed-Natural-Gas
CO_2	Kohlenstoffdioxid
EEG	Erneuerbare Energien Gesetz
EnWG	Energiewirtschaftsgesetz
EU	Europäische Union
GasNEV	Gasnetzentgeltverordnung
GasNZV	Gasnetzzugangsverordnung
g-tron	Produktmarke von Audi (Erdgas)
H	Wasserstoff
h	Stunde
H_2	Wasserstoff
H_2O	Wasser
km	Kilometer
kW	Kilowatt
kWh	Kilowattstunde
m^3	Kubikmeter
Mio.	Millionen
Mrd.	Milliarden
O	Sauerstoff
SNG	Synthetisches Erdgas
TWh	Terrawattstunde

Abbildungsverzeichnis

1. Einleitung

1.1 Problemstellung und Zielsetzung

In den letzten 20 Jahren ist die Stromerzeugung aus erneuerbaren Energien kontinuierlich gestiegen. Innerhalb Deutschlands machte 1990 der Anteil von regenerativ erzeugtem Strom aus Windenergie, Wasserkraft, Photovoltaik- und Biogasanlagen 3,4% des Bruttostromverbrauchs aus; im Jahr 2015 lag der Wert bereits bei 32,6%.[1] Bis zum Jahr 2050 soll der Anteil des aus erneuerbaren Energien erzeugten Stroms bei mindestens 80% liegen und ist damit die wichtigste Elektrizitätsquelle für den Strommarkt.[2] Diese Entwicklung zeigt, dass die Frage nach langfristigen Stromspeichern im deutschen Energiesystem vor allem in Bezug auf die zunehmende volatile Einspeisung eine zentrale Rolle spielt. Dabei liegt das Augenmerk nicht ausschließlich auf dem Strommarkt sondern zunehmend auf der potentiellen Nutzung der bereits bestehenden deutschen Erdgasinfrastruktur. Inwiefern das bestehende Erdgasleitungsnetz für die Speicherung von erzeugtem Strom nutzbar ist, wird im Folgenden anhand des Konzeptes von Power-to-Gas erläutert und mit einem Praxisbeispiel näher verdeutlicht.

Ziel der Ausarbeitung ist, die Nutzung der Erdgasinfrastruktur als effizienten Speicher von erneuerbaren Energien darzustellen. Dabei wird insbesondere auf das sogenannte Power-to-Gas Verfahren sowie den derzeitigen Stand der Technik und vorhandene Hindernisse zur Umsetzung eingegangen. In der Ausarbeitung werden keine weiteren Verfahren zur Nutzung der Erdgasinfrastruktur erläutert.

1.2 Aufbau der Arbeit

In der folgenden Seminararbeit werden zunächst die Grundlagen aufgeführt; diese umfassen die Definition sowie verschiedene Formen regenerativer Energien. Darauf aufbauend wird erläutert, welche Möglichkeiten und Hindernisse in Deutschland für die Nutzung beziehungsweise die Herstellung erneuerbare Energien gegeben sind. Anschließend wird auf die bereits bestehende Erdgasinfrastruktur sowie deren Speichermöglichkeiten im Vergleich zu denen des Stromnetzes eingegangen. Daraufhin wird anhand der Power-to-Gas Anlagen der Viessmann Group ein mögliches Verfahren zur Nutzung der Erdgasleitung aufgezeigt. Abschließend wird ein Ausblick gegeben, welche Hindernisse umgangen werden müssen, um den Ausbau effizient gestalten zu können und die Erhöhung des Anteils an erneuerbaren Energien zu ermöglichen.

---

[1] Vgl. Bundesministerium für Wirtschaft und Energie (2016a), S.6.
[2] Vgl. EEG (2014), §1 Abs. 2.

2 Grundlagen

2.1 Begriff und Definition Power-to-Gas

Überschüssig produzierten Strom in einen gasförmigen Energieträger umzuwandeln, ist das Ziel der Power-to-Gas Technologie. Der zeitweise Stromüberschuss, der durch erneuerbare Energien entsteht, wird dabei in einen gasförmigen Energieträger wie Wasserstoff oder synthetische Methan transformiert, welche in der bestehenden Erdgasinfrastruktur transportiert, in Gasspeichern gespeichert und anschließend zur Wärme- oder Strombereitstellung genutzt werden können.[3] Durch diese Möglichkeiten stellt die volatile Verfügbarkeit erneuerbarer Energien keine Herausforderung mehr da. [4] Somit ist eine innovative technische Systemlösung gegeben, welche Fluktuationen in der Erzeugung erneuerbarer Energien ausgleicht, um Energien bei einem Überangebot effizient speichern und bei Engpässen nutzen zu können.[5]

Das Verfahren wird im Zuge der Ausarbeitung in Kapitel 4.1 näher erläutert und dargestellt.

2.2 Begriff und Definition erneuerbarer Energien

Unter dem Begriff der erneuerbaren Energien versteht man solare Strahlungsenergie, die kinetische Energie des Windes und des Wassers, die nachwachsende Biomasse und die geothermische Energie.[6]

Diese Energieträger werden als regenerative oder alternative Energien bezeichnet. Darunter versteht man all die Energierohstoffe, die anders als fossile Energieträger auf unbegrenzte Ressourcen zurückgreifen oder sich auf natürliche Weise regenerieren können.[7]

Die verschiedenen Formen regenerativer Energien werden im Folgenden beschrieben.

2.3 Formen regenerativer Energien

Solarenergie

Die Sonne versorgt die Erde mit eineinhalb Trillionen kWh Energie im Jahr, was dem 15000-fachen globalen Primärenergieverbrauch entspricht.[8]

---

[3] Vgl. Deutsche Energie-Agentur GmbH (2015), S.3.
[4] Vgl. Valentin, F., Bredow, H. (2011), S.105.
[5] Vgl. Deutsche Energie-Agentur GmbH (2013), S.3.
[6] Vgl. EEG 2014 §5 Nr.14.
[7] Vgl. Umweltbundesamt (2016).
[8] Vgl. Kästner, T., Kießling, A. (2016), S. 46.

Sonnenstrahlung wird mittels Solarzellen von Photovoltaikanlagen in elektrische Energie umgewandelt, welche direkt genutzt oder in Batterien gespeichert werden kann.

Die installierte Kraftwerkleistung in Deutschland beträgt derzeit 38 Gigawatt.[9] Damit tragen Photovoltaikanlagen am Tag, wie in Abbildung 1 veranschaulicht, 5,9 Prozent zur Stromversorgung in Deutschland bei.[10]

Abbildung 1: Bruttostromerzeugung in Deutschland 2015 in Prozent

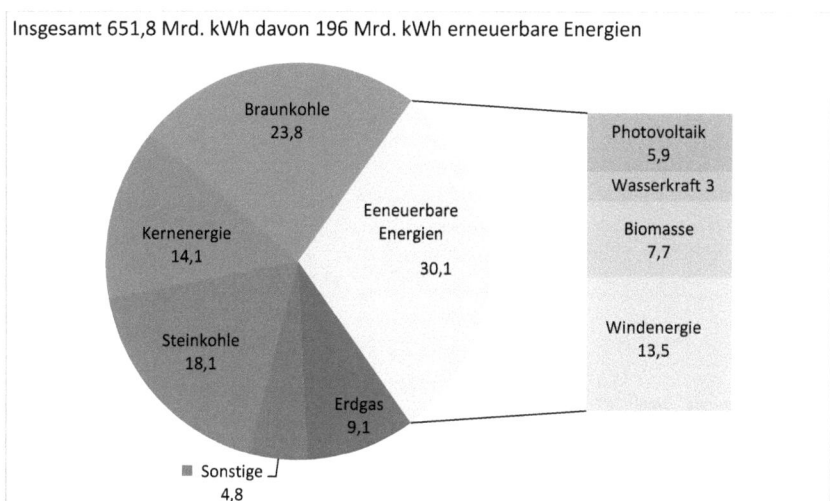

Quelle: Eigene Abbildung nach: Arbeitsgemeinschaft Energiebilanzen e.V. (2016a).

Neben Photovoltaikanlagen können solarthermische Kraftwerke zur reinen Stromerzeugung oder zur Kraft-Wärme-Kopplung eingesetzt werden. Sogenannte Solarkollektoren und Solarwärmeanlagen setzen die Sonnenstrahlung hingegen zu Wärme um.[11]

Windenergie

Windenergieanlagen gewinnen Strom aus der Kraft und dem Antrieb des Windes. Unterschieden wird zwischen der Windenergie auf See (Offshore) und der Windenergie am Land (Onshore).

---

[9] Vgl. Agentur für Erneuerbare Energien (2016).
[10] Vgl. Kleinknecht, K. (2015), S. 112.
[11] Vgl. Bundesministerium für Wirtschaft und Energie (2016b).

Abbildung 2 zeigt, dass die Bruttostromerzeugung von Windenergieanlagen in Deutschland 2015 insgesamt bereits bei 88 Mio. kWh lag. Im Vorjahr waren es 57,4 kWh. Damit deckt Windenergie bei einem gesamten Bruttostromverbrauch von 600 Mio. kWh ungefähr 14,67 Prozent ab. Die Erzeugung ist seit dem Jahr2010 stetig gestiegen. Zudem bietet sich in Deutschland weiteres Potential zum Ausbau der Windeenergieanlagen.

Abbildung 2: Entwicklung der Stromerzeugung von Windenergieanlagen in Deutschland

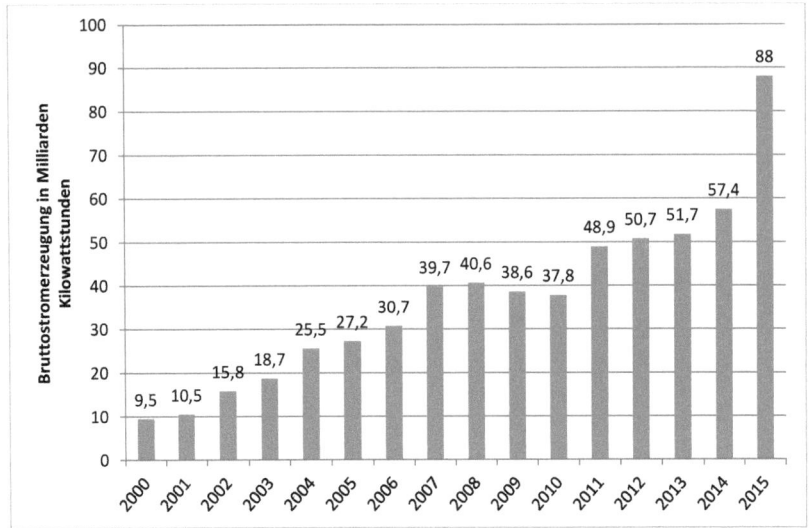

Quelle: Eigene Abbildung nach Arbeitsgruppe Erneuerbare Energien-Statistik (2016).

Windenergie macht in Deutschland den größten Anteil an erneuerbaren Energien aus.[12]

Wasserkraft

Der natürliche Wasserkreislauf, zu dem Verdunstung, Niederschlag und Wasserablauf zählen, wird zur Energiegewinnung genutzt. Wasserkraftwerke nutzen die Strömungsenergie, um Generatoren zur Stromgewinnung anzutreiben. So kann sowohl Wasserkraft an Flüssen als auch Meeresströmungen und Wellenenergie genutzt werden.[13]

Ursprünglich stammt die Energie des Wassers aus der Sonnenenergie, welche für die Verdunstung sowie den Niederschlag sorgt.[14]

---

[12] Vgl. Kästner, T., Kießling, A. (2015), S.41.
[13] Vgl. Agentur für Erneuerbare Energien (2016).
[14] Vgl. Kleinknecht, K. (2015), S.69.

In Deutschland erbringen die Laufwasserkraftwerke eine Leistung von insgesamt 2,8 Gigawatt und machen damit einen Anteil von 3 Prozent (21 TWh) der deutschen Stromerzeugung aus.[15] Wie in Abbildung 3 zu sehen, ist Deutschland im internationalen Vergleich damit eines der Länder mit einem geringen Anteil an Wasserkraft.

Abbildung 3: Anteil der Wasserkraft in Prozent des Bedarfs

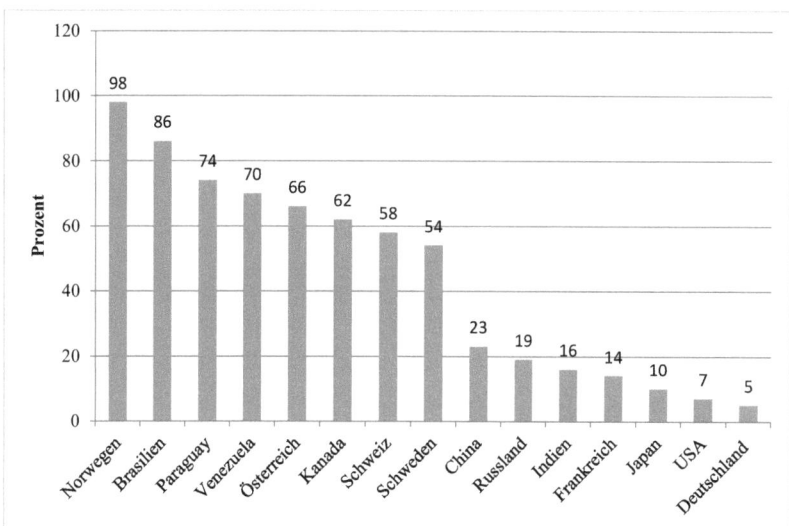

Quelle: Eigene Abbildung nach: Kleinknecht K (2015), S.71.

Neben Laufwasserkraftwerken gibt es Stauseen, Trinkwasser- sowie Energiespeicher und Pumpspeicherkraftwerke. Damit werden in Deutschland bereits alle nutzbaren Wasserläufe zur Stromerzeugung verwendet, womit Wasserkraft als Form der erneuerbaren Energien nahezu ausgeschöpft ist.[16]

Bioenergie

Unter Biomasse versteht man gespeicherte Sonnenenergie in Form von Energiepflanzen, Holz oder Reststoffen wie Stroh, Biomüll oder Gülle. Aus dieser Masse wird Bioenergie wie Biomethan, Bio-, Deponie- und Klärgas gewonnen.[17]

---

[15] Vgl. Käster, T., Kießling, A. (2016), S.37.
[16] Vgl. Kleinknecht, K. (2015), S. 80-81.
[17] Vgl. EEG 2014, §5 Nr.14 c.

Aus fester, flüssiger und gasförmiger Biomasse wurden 2013 insgesamt 117 Mrd. kWh Wärme und 3,4 Mio. Tonnen Biokraftstoffe erzeugt. 2015 lag die Bruttostromerzeugung bereits bei 49,9 Milliarden kWh (siehe Abbildung 4).

Abbildung 4: Bruttostromerzeugung nach Energieträgern in Milliarden Kilowattstunden

Wasserkraft	Windkraft	Photovoltaik	Biomasse
19,5	88	38,5	49,9

| 0 | 20 | 40 | 60 | 80 | 100 | 120 | 140 | 160 | 180 | 200 |

Quelle: Eigene Abbildung nach: Arbeitsgemeinschaft Energiebilanzen e.V. (2016b).

Ein Vorteil der Biomasse ist die dauernde Verfügbarkeit und flexible Einsetzbarkeit.[18]

Geothermie

Die Nutzung der Erdwärme zur Gewinnung von Strom, Wärme und Kälteenergie bezeichnet man als Geothermie. Dabei wird zwischen der oberflächennahen Nutzung der Erd- und Umgebungswärme bis zu 400 Metern Tiefe und der Tiefen Geothermie unterschieden. Die Wärmeerzeugung aus Erd- und Umweltwärme machte in Deutschland 2014 bereits 9,6 Milliarden kWh und somit 7 Prozent des Wärmeverbrauchs in Deutschland aus. Die Tiefen Geothermie wird in Deutschland hingegen nur zu 1% genutzt (siehe Abbildung 5).[19]

Abbildung 5:Wärme aus erneuerbaren Energie 2014 in Mrd. Kilowattstunden

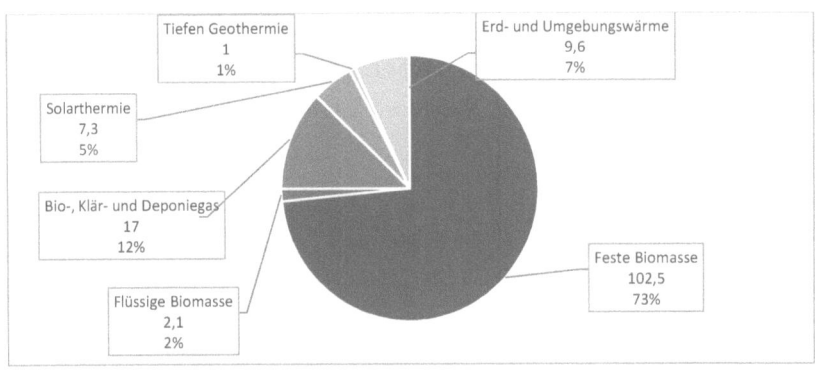

Quelle: Eigene Abbildung nach: Arbeitsgruppe Erneuerbare Energien-Statistik (2015a).

---

[18] Vgl. Agentur für Erneuerbare Energien (2016).
[19] Vgl. Agentur für Erneuerbare Energien (2016).

3 Ökonomische Aspekte

3.1 Möglichkeiten und Grenzen erneuerbarer Energien

Obwohl erneuerbare Energien die nachhaltigsten und zugleich saubersten Varianten der Stromproduktion darstellen, gibt es Herausforderungen, die unter der Vorgabe der Regierung, gemeistert werden müssen.[20] Der Anteil an erneuerbaren Energien lag im Jahr 2014 bei 13,7 Prozent (siehe Abbildung 6) und soll laut Vorgabe bis zum Jahr 2035 bereits auf 40-45 Prozent erhöht werden.

Abbildung 6: Entwicklung des Anteils erneuerbarer Energien am Bruttoendenergieverbrauch in Deutschland

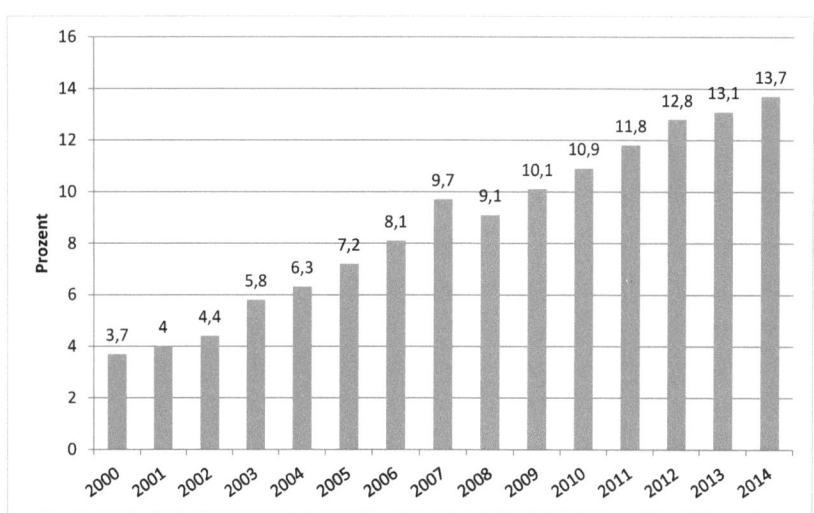

Quelle: Eigene Abbildung nach: Arbeitsgruppe Erneuerbare Energie-Statistik (2015b).

Ein wesentliches Problem besteht in der volatilen Verfügbarkeit und Einspeisung des durch erneuerbare Energiequellen entstehenden Stroms. Die saisonalen, tageszeitabhängigen und witterungsbedingten Unbeständigkeiten können einerseits zu einer Überbeanspruchung des Stromnetzes führen, welche die produzierte Menge nicht aufnehmen und speichern kann.[21] Andererseits kann es zu einer Engpasssituation im Stromnetz kommen, sobald nicht ausreichend Elektrizität produziert wird.

Um den steigenden Stromanteil zu kompensieren und einer Überlastung des Stromnetzes vorzubeugen, werden Windkraftanlagen, Solaranlagen und Blockheizkraftwerke von

---

[20] Vgl. EEG (2014).
[21] Vgl. Zukunft ERDGAS GmbH (2016).

Biogasanlagen phasenweise abgeschaltet.[22]. Durch das Abschalten der Anlagen, und die nicht genutzten Ressourcen entstehen dabei zusätzliche Kosten.[23]

Um das Stromnetz aufrecht zu erhalten, muss ein ständiges Gleichgewicht zwischen eingespeister und ausgespeister Menge bestehen. Eine zeitliche Flexibilität zwischen Produktions- und Verbrauchszeitpunkt ist somit nicht gegeben, weshalb eine Speicherung innerhalb des Systems unmöglich ist.[24] Zur zeitlichen Entkopplung von der Erzeugung und dem Verbrauch von Strom entsteht bei steigender Nutzung erneuerbarer Energien die Notwendigkeit, das vorhandene Stromnetz auszubauen und kurzfristig ein höheres Volumen an elektrischer Energie flexibel ein- und ausspeichern zu können.[25]

Für die mittel- bis langfristige Stromspeicherung, ist die verfügbare Kapazität von vorhandenen Speichern bislang unzureichend.[26]. Das Power-to-Gas Verfahren soll eine kosteneffiziente Lösung zur Stromspeicherung mit zeitlicher Entkopplung der Stromerzeugung und des Stromverbrauchs darstellen.

Zur Erleichterung und Umsetzung der durch die Bundesrepublik Deutschland aufgestellten Zielsetzung, den Anteil des erzeugten Stroms aus erneuerbaren Energien am Bruttostromverbrauch stetig und kosteneffizient auf mindestens 80 Prozent bis zum Jahr 2050 zu erhöhen, spielen Gesetze und Verordnungen eine zentrale Rolle. Strom aus erneuerbaren Energiequellen, der zunächst gespeichert und anschließend als Strom eingesetzt wird, ist daher von der EEG-Umlage befreit[27]

Eine Stromsteuerbefreiung ist möglich, sofern die Elektrolyse eine Nennleistung von zwei Megawatt nicht überschreitet und im räumlichen Zusammenhang zur Erneuerbaren Energieanlage steht.[28]

Zudem werden Wasserstoff und synthetisches Erdgas, welches zu mindestens 80 Prozent aus erneuerbaren Energiequellen stammt, rechtlich als Biogas klassifiziert, was für die Einspeisung positive Regelungen zur Folge hat.[29]

---

[22] Energie | Wasser-Praxis (2013), S.84.
[23] Vgl. Valentin, F., Bredow, H. (2011), S.99.
[24] Vgl. Specht, Dr. M. et al. (2009), S.71.
[25] Vgl. Umweltbundesamt (2014).
[26] Vgl. Deutscher Verein des Gas- und Wasserfaches e.V. (2014b), S.28.
[27] Vgl. EEG (2014) §37.
[28] Vgl. StromStG § 9.
[29] Vgl. EnWG 2005, §3 Nr. 10c.

Neben dem Vorrang beim Netzzugang besteht eine Begrenzung der Netzanschlusskosten für den Anschlussnehmer (§33 GasNZV), eine Befreiung von Einspeiseentgelten für das Gasnetz (§118 EnWG) sowie ein Anspruch auf vermiedene Netzkosten für die Dauer von 10 Jahren (§20a GasNEV). Somit wird von allen energiewirtschaftsrechtlichen Bestimmungen, welche Biogas gegenüber anderen Energieträgern privilegieren, profitiert.[30] Zudem spielen neben rechtlichen und politischen Bedingungen, die Kosten eine zentrale Rolle. Investitionskosten für Elektrolyse und Methanisierung liegen je nach Größe und Verfahren bei 1500 bis 3500 Euro je produziertem kW.[31] Hinzu kommen Betriebskosten wie Strombezugskosten und Kosten für das zur Methanisierung benötigte Kohlenstoffdioxid, welche die Wirtschaftlichkeit der Power-to-Gas Anlage maßgeblich beeinflussen.[32]

3.2 Speichermöglichkeiten in Deutschland

3.2.1 Aktuelle Speichersituation

Zusätzlich zu dem kontinuierlichen Ausbau des Stromnetzes ist die Speicherung der phasenweise zunehmenden Stromüberschüsse sowie eine Rückverstromung zum Erhalt der Versorgungssicherheit ein notwendiges Mittel im Wandel der Stromversorgung.[33] In Zukunft werden somit sowohl Sekunden- bis Minuten- als auch Tages-, Wochen-, und Saisonspeicher gefragt sein, welche große Kapazitäten über den gewünschten Zeitraum zur Verfügung stellen können.[34]

Im Stromsektor sind derzeit sogenannte Pumpspeicherwerke die effizienteste Form von Großspeichern. Sie dienen als Kurzzeitspeicher und gleichen Schwankungen auf Stunden- beziehungsweise Tagesbasis aus.[35] In Deutschland gibt es, aufgrund der Anforderungen an die Topografie, ein geringes Ausbaupotential von Pumpspeicherkraftwerken, weshalb der zukünftig erwartete Stromspeicherbedarf nicht gedeckt werden kann.[36][37] Eine mögliche Lösung ist die Nutzung der bestehenden Erdgasinfrastruktur.

[30] Vgl. Valentin, F., Bredow, H. (2011), S.100.
[31] Vgl. Deutsche Energie-Agentur GmbH (o.J.).
[32] Vgl. Deutsche Energie-Agentur GmbH (2015), S.12.
[33] Vgl. Bayerisches Staatsministerium für Wirtschaft, Infrastruktur, Verkehr und Technologie (2013), S.5 f.
[34] Vgl. Deutsche Energie-Agentur GmbH (2012), S.6.
[35] Vgl. Deutsche Energie-Agentur GmbH (2012), S.6-7.
[36] Vgl. Fraunhofer-Institut für Umwelt-, Sicherheits- und Energietechnik UMSICHT (2013), S.26.
[37] Vgl. Deutsche Energie-Agentur GmbH (2012), S.6-7.

10

3.2.2 Deutsche Erdgasinfrastruktur als Speichermöglichkeit

Das deutsche Erdgasnetz transportiert bei einer Länge von insgesamt 500.000 km jährlich bis zu 1000 TWh Energie in Form von Erd- und Biogas, wohingegen das Stromnetz 540 TWh transportiert.[38] Wie in Abbildung 7 dargestellt, kann es zudem mit 60-100 TWh 750-1250-mal so viel in gasförmige Energieträger umgewandelte Elektrizität speichern als die zuvor genannten Pumpspeicher mit einem Reservoir von maximal 0,08 TWh.

Insgesamt hat die bestehende Erdgasinfrastruktur in Deutschland Speicherkapazität für 24 Milliarden Kubikmeter Gas und bietet somit die Möglichkeit, eine wesentlich größere Menge der umgewandelten Energie aufzunehmen als bestehende Stromspeicher.[39]

Abbildung 7: Kapazitäten verschiedener Stromspeicher in kWh

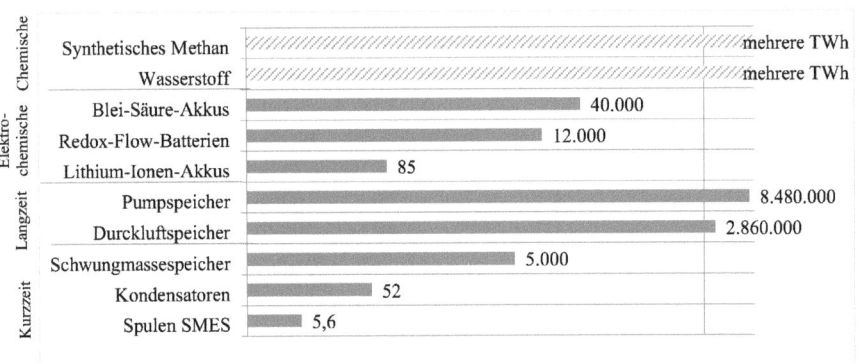

Quelle: Eigene Abbildung nach: Agentur für Erneuerbare Energien (2014).

Im Erdgasnetz können Porenspeicher genutzt werden, die der Deckung des saisonalen Grundlastbedarfs an Erdgas dienen. Kavernenspeicher sind bezüglich der Ein- und Ausspeiserate wesentlich leistungsfähiger und demnach vor allem für tageszeitliche Spitzenlastabdeckungen geeignet.[40] Das Power-to-Gas Verfahren ist eine weitere Möglichkeit, das Erdgasnetz, welches flächendeckend vorhanden ist und eine große Menge an Energie speichern kann, zu nutzen.

---

[38] Vgl. Deutscher Verein des Gas- und Wasserfaches e.V. (2015).
[39] Vgl. Verband kommunaler Unternehmen e.V., S.18.
[40] Vgl. Deutsche Energie-Agentur GmbH (2012), S.8.

4 Nutzungsmöglichkeit der Erdgasinfrastruktur

4.1 Power-to-Gas Verfahren

Das in Kapitel 2.1 kurz erläuterte Power-to-Gas Verfahren wird im Folgenden in Bezug auf die Elektrolyse und Methanisierung näher beschrieben.

4.1.1 Elektrolyse

Die Wasserstoffelektrolyse, bei der in einem Elektrolyseur Wasser mit Hilfe von regenerativ erzeugtem Strom in Wasserstoff (H) und Sauerstoff (O) zerlegt wird, gilt als Kernprozess für das Power-to-Gas Konzept (siehe Abbildung 8).

Abbildung 8: Elektrolyseprozess

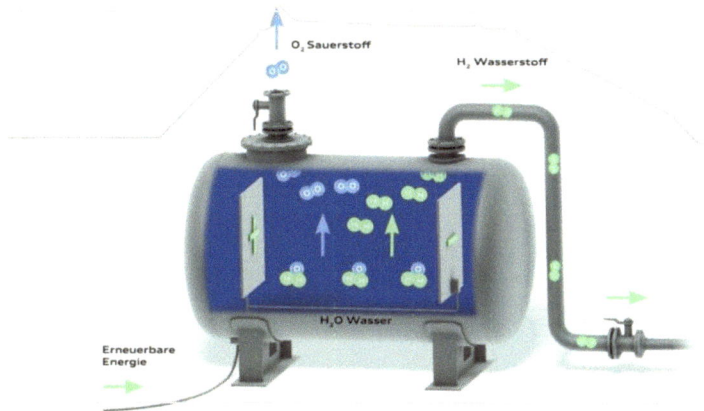

Quelle: Audi AG (2013), S.120.

Der entstandene Wasserstoff kann sowohl als Kraftstoff im Verkehr, als Energieträger in der Wärmeversorgung und im Erdgasnetz gespeichert und zu einem späteren Zeitpunkt wieder verstromt werden oder für die Methanisierung weiterverwendet werden.

Der entstandene Sauerstoff stellt ein Nebenprodukt dar und bleibt meist ungenutzt.[41] Wasserstoff gehört zu den Zusatzgasen und unterscheidet sich in der chemischen Zusammensetzung sowie in den brenntechnischen Kenndaten vom vorhandenen Erdgas im Netz, weshalb es nur begrenzt der Erdgasinfrastruktur zugemischt und ausschließlich in Kavernenspeichern gelagert werden kann.[42]

---

[41] Vgl. Deutsche Energie-Agentur GmbH (2013), S.8-9.
[42] Vgl. Verband kommunaler Unternehmen e.V. (2015), S.18.

Der gesetzlich zulässige Anteil für das Zumischen von Wasserstoff in die Erdgasinfrastruktur liegt derzeit bei fünf Volumenprozenten, wobei eine Toleranzerhöhung auf 10 Volumenprozenten anvisiert ist.[43]

Die Elektrolyse weist einen Wirkungsgrad von 80% auf, wobei der Verlust in Höhe von 20% durch prozessuale Wärmeverluste entsteht.[44]

4.1.2 Methanisierung

Durch das Zumischen von Kohlenstoffdioxid (CO_2) kann der regenerativ erzeugte Wasserstoff in Methan umgewandelt werden. Dabei entsteht Wasser (H_2O) als Abfallprodukt (siehe Abbildung 9).

Abbildung 9: Methanisierungsprozess

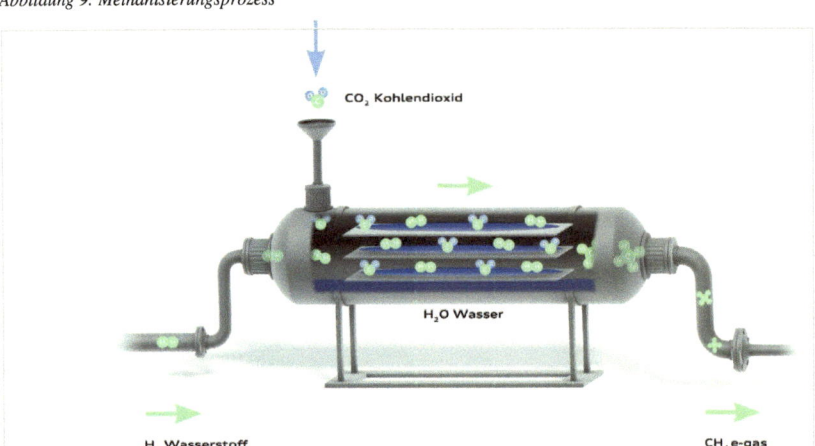

Quelle: Audi AG: (2013), S.121.

Die brenntechnischen Eigenschaften sind dabei mit einem Methangehalt von 96-99% nahezu identisch mit denen des fossilen Erdgases, sodass das erzeugte Methan zu 100 Volumenprozent ohne Beimischungsgrenze und ohne die Gasqualität zu beeinflussen in das Erdgasnetz eingespeist und sowohl in Kavernen- als auch in Porenspeichern eingelagert werden kann.[45] [46] Das dafür notwendige Kohlenstoffdioxid kann aus erneuerbaren Quellen wie Biogas- oder Kläranlagen gewonnen werden. Je nach

---

[43] Vgl. Deutscher Verein des Gas- und Wasserfaches e.V. (2014a), S.43.
[44] Vgl. Deutsche Energie-Agentur GmbH (2015), S.13.
[45] Vgl. Verband kommunaler Unternehmen e.V. (VKU) (2015), S.18.
[46] Vgl. Deutsche Energie-Agentur GmbH (2015), S.10.

angewandten Verfahren, wird das erzeugte synthetische Erdgas vor der Einspeisung gereinigt.[47]

Geht man bei dem Methanisierungsprozess von einer Mitverwendung der Abwärme aus, liegt ebenfalls ein Wirkungsgrad von 80% vor. Ist eine Rückverstromung angeschlossen, liegt der Gesamtwirkungsgrad für den Prozess bei etwa 40%. Das entspricht in etwa dem Wirkungsgrad konventioneller Kraftwerke.[48]

Die isolierte Betrachtung der Wirkungsgrade ist für die Bewertung allerdings unzulänglich, wenn man die Power-to-Gas Anlage mit einem konventionellen Kraftwerk vergleicht. In Hinblick auf die Umweltfreundlichkeit werden in Kraftwerken große Mengen an schädlichen Emissionen produziert, wohingegen im gesamten Elektrolyse- und Methanisierungsprozess ausschließlich unbedenkliche Nebenprodukte wie Sauerstoff, Wasser und Wärme produziert werden.[49]

Das Power-to-Gas Verfahren stellt somit keine wesentliche Verbesserung im Wirkungsgrad dar, ist aber eine klimafreundliche Lösung, welche die Integration erneuerbarer Energien in den Strommarkt ermöglicht.

4.1.3 Alternative Nutzungsfelder

Neben der Nutzung des Methans beziehungsweise Wasserstoffs zur Einspeisung in das Erdgasnetz oder in Erdgasspeicher, gibt es weitere Einsatzmöglichkeiten. Das synthetische Erdgas kann beispielsweise direkt zu privaten oder gewerblichen Wärmeversorgungsanlagen gelangen und dabei das fossile Erdgas adäquat ersetzen.

In der Industrie (Kraftstoffraffinerie, Stahlwerke, chemische Industrie) kann der erzeugte Wasserstoff und das synthetische Erdgas genutzt werden, um die fossilen Einsatzstoffen zu substituieren.[50] SNG und Wasserstoff können ebenfalls im Mobilitätssektor genutzt werden, um fossile Kraftstoffe zu ersetzen. Dadurch werden zusätzlich klimaschädliche CO_2-Emissionen und Schadstoffe wie Feinstaub oder Schwefeloxid reduziert.[51]

---

[47] Vgl. Deutsche Energie-Agentur GmbH (2013), S.10.
[48] Vgl. Deutsche Energie-Agentur GmbH (2015), S.13.
[49] Vgl. Antoni, J., Kostka, J. (2012), S.101.
[50] Vgl. Agricola, A., Weber, A. (2014), S.70.
[51] Vgl. Deutsche Energie-Agentur GmbH (2015), S.6.

4.2   Power-to-Gas Anlage

Im März 2015 ging die weltweit erste von der Viessmann Group in Allendorf erstellte Power-to-Gas Pilotanlage mit einem mikrobiologischem Verfahren im industriellen Bereich in Betrieb (siehe Abbildung 10).[52][53]

Abbildung 10: Power-to-Gas Pilotanlag der Viessmann Group in Allendorf

Quelle: Deutsche Energie-Agentur GmbH (2016).

In der Power-to-Gas Anlage wird Wasserstoff aus der Elektrolyseanlage und CO_2 aus einer benachbarten Biogasaufbereitungsanlage mit Schwach- oder Biogas umgewandelt in Biomethan, welches anschließend in das Erdgasnetz eingespeist und je nach Bedarf beispielsweise in einer Kraft-Wärme-Kopplungsanlage genutzt werden kann. Der gelöste Wasserstoff sowie das Kohlendioxid werden durch hochspezialisierte Mikroorganismen, welche robust sind und ungenutzt über mehrere Jahre leben können, aufgenommen. Daraus entsteht das Molekül Methan. Der gesamte Prozess wird bei einem konstanten Druck von fünf Bar und niedrigeren Temperaturen als beim chemisch-katalytischem Prozess (mit circa 300 Grad Celsius) durchgeführt.[54]

Das wie in Abbildung 11 produzierte Methan kann ebenfalls als Kraftstoff und als Beitrag zur CO_2 neutralen Mobilität genutzt werden Die H_2 Produktion liegt bei 60 bis 220 m^3/h

[52] Vgl. Viessmann Deutschland AG (2015), S.1.
[53] Vgl. Gryczke, R. (2016).
[54] Vgl. Audi Media Center - Kommunikation Technologie und Innovationen (2016), S.1.

und die SNG-Produktion bei 15 bis 55 m³/h.[55] Eine Besonderheit der Anlage ist das mikrobiologische Verfahren, welches das Viessmann Gruppenunternehmen MicrobEnergy entwickelt hat. Während die Methanisierung anderer Power-to-Gas Anlagen auf chemisch-katalytischer Weise erfolgt, wird hier der überschüssige Wind- und Solarstroms genutzt, um mit Hilfe eines Elektrolyseurs aus Wasser Wasserstoff herzustellen. Das Kohlendioxid wird aus der benachbarten Biogasanlage verwendet und ebenfalls auf mikrobiologischem Weg in Methangas umgewandelt.[56] Das CO2 aus dem Rohbiogas muss dabei nicht hochkonzentriert und gereinigt vorliegen, sodass kleine Klär- und Biogasanlagen ohne Biogasreinigung als CO2-Quelle verwendet werden können.[57] Das entstandene Methan kann zum einen im Gasnetz gespeichert werden und dient zum anderen der Kopplung von Strom, Wärme und Mobilität. Das Gas kann unabhängig von der Erzeugung zur Stromproduktion, Wärmeversorgung oder in mit Erdgas betriebene Autos als klimafreundlicher Kraftstoff verwendet werden.

Abbildung 11: Verfahren der Power-to-Gas Anlage in Allendorf

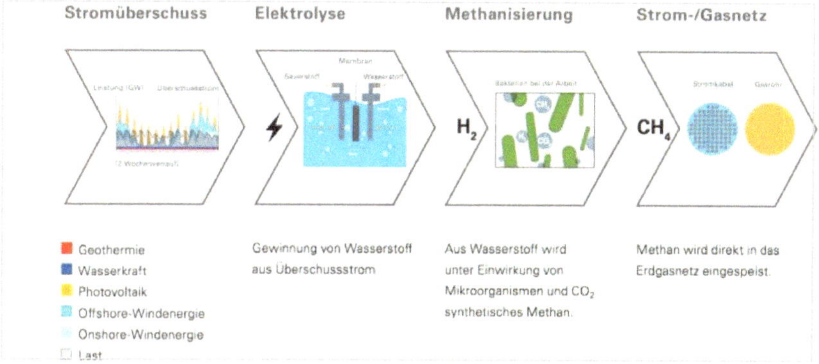

Quelle: Viessmann Deutschland AG (2013), S.2.

Die Viessmann Group ist bereits eine Kooperation mit Audi eingegangen und vermarktet den entstandenen Biokraftstoff seit Juli 2015 an den Automobilhersteller mit CNG-Fahrzeugen. [5859] Die g-tron-Modelle des Audi A3 Sportback können jeweils mit Benzin, Erdgas oder Power-to-Gas Methan betrieben werden. Der Audi A4 Avant g-tron soll

---

[55] Vgl. Deutsche Energie-Agentur GmbH (2016).
[56] Vgl. Viessmann Deutschland AG (2016).
[57] Vgl. Audi Media Center - Kommunikation Technologie und Innovationen (2016), S.1.
[58] Vgl. Viessmann Deutschland AG (2016).
[59] Vgl. Viessmann Deutschland AG (2015).

diesen Trend fortsetzen, um den Weg zu einem CO2 neutralen Straßenverkehr voranzubringen.[60] [61] Wie der gesamt Prozess bis zur Betankung der Fahrzeuge abläuft, zeigt Abbildung 12.

Abbildung 12: Prozessablauf der Power-to-Gas Anlage bis zur Verwendung

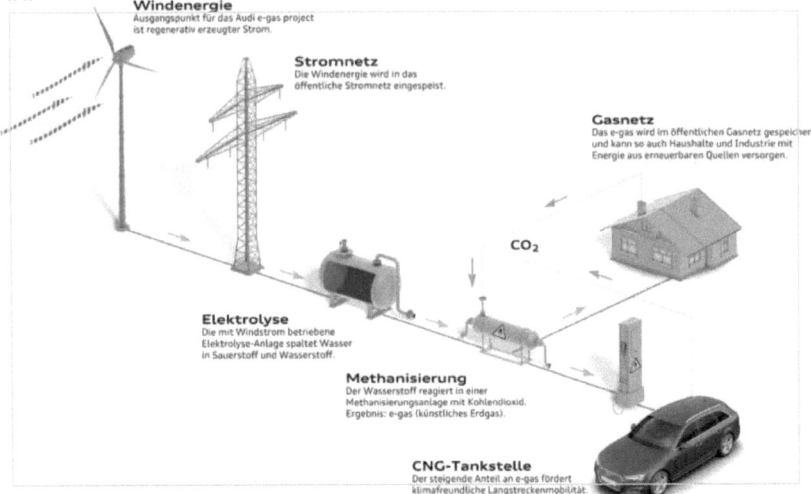

Quelle: Audi Media Center – Kommunikation Technologie und Innovation (2015).

Die Anlage in Allendorf wird den Anforderungen zur Nachhaltigkeit und Treibhausgasminderung gerecht. Zudem entspricht das regenerativ erzeugte Erdgas den Forderungen der EU-Richtlinie 2009/28/EG. Ausgezeichnet wurde die Anlage von der Deutschen Energie-Agentur GmbH als „Biogaspartnerschaft des Jahres 2015", wobei die hohe Effizienz und der Beitrag zur CO2 neutralen Mobilität besonders hervorgehoben wurden.[62]

---

[60] Vgl. Gryczke, R. (2016).
[61] Vgl. Audi Media Center - Kommunikation Technologie und Innovationen (2016), S.2.
[62] Vgl. Viessmann Deutschland AG (2016).

5   Fazit und Ausblick

Die Ausarbeitung zeigt, dass die deutschen Erdgasinfrastruktur aus heutiger Sicht eine vorhandene effiziente Großspeichermöglichkeit für den Ausgleich von Fluktuationen in der Stromerzeugung in Deutschland ist und dadurch einen maßgeblichen Beitrag zur Energiewende leisten kann. Dabei ist die Weiterentwicklung von Power-to-Gas Anlagen unabdingbar. Zur großtechnischen Nutzung der Anlagen zur Unterstützung der Energiewende ist es wichtig, die Effizienz und den Wirkungsgrad zu erhöhen.[63] Dabei müssen weitere Faktoren wie die Wirtschaftlichkeit und Standortfaktoren wie Anschluss an Strom- und Gasnetz, Verfügbarkeit von Biogas- und Industrieanlagen beachtet werden, welche in der Seminararbeit nicht betrachtet wurden.

Power-to-Gas hat Aussicht auf Erfolg, wenn Anlagen im großtechnischen Maßstab gebaut und prozesstechnische sowie systemübergreifende Vorteile genutzt werden. Die Pilotanlage in Allendorf zeigt dabei die ersten Erfolge. Sie ist die erste rein biologische Power-to-Gas Anlage der Welt und bezieht dabei vorhandene Biogasanlagen der Umgebung mit ein.

Eine Möglichkeit zur Forcierung der Systemlösung und zur Sicherstellung der Wirtschaftlichkeit ist eine Anpassung der gesetzlichen Rahmenbedingungen, in Form von optimieren Vergütungsstrukturen in Hinblick auf die neuen Speichertechnologien. Das Zahlen der EEG-Umlage beim Einspeisen von Methan in das Erdgasnetz ist dabei eine kritisierte politische Restriktion. Mit einer Erhöhung der Toleranzgrenze für Wasserstoff wären zusätzliche Möglichkeiten gegeben, diesen vorrangig zu nutzen und die Wirtschaftlichkeit durch Methanisierung nicht zu reduzieren. Politisch durchgesetzt wurde bereits die Anerkennung von SNG und Wasserstoff als Biogas zugunsten des Power-to-Gas Verfahrens.

Grundsätzlich würde das Power-to-Gas--Verfahren durch eine öffentliche Förderung profitieren, sodass der Bekanntheitsgrad erhöht, die Bedeutung fortschrittlicher Kraftstoffe wie Wasserstoff und Methan herausgestellt und das Verfahren durch gezielte Fördermaßnahmen unterstützt würde.

---

[63] Vgl. Deutsche Energie-Agentur GmbH (2015).

Literaturverzeichnis

Agentur für Erneuerbare Energien (2014): Kapazitäten verschiedener Stromspeicher, Stand 10/2014, in:

https://www.unendlich-viel-energie.de/mediathek/grafiken/grafik-dossier-stromspeicher

abgerufen am: 11.07.2016

Agentur für Erneuerbare Energien (2016a): Biomasse, in:

https://www.unendlich-viel-energie.de/erneuerbare-energie/bioenergie

abgerufen am 17.05.2016

Agentur für Erneuerbare Energien (2016b): Erd- und Umweltwärme, in:

https://www.unendlich-viel-energie.de/erneuerbare-energie/erdwaerme

abgerufen am 17.05.2016

Agentur für Erneuerbare Energien (2016c): Solarstrom, in:

https://www.unendlich-viel-energie.de/erneuerbare-energie/sonne/photovoltaik

abgerufen am 17.05.2016

Agentur für Erneuerbare Energien (2016d): Wasserkraft, in:

https://www.unendlich-viel-energie.de/erneuerbare-energie/wasser/wasserkraft

abgerufen am 17.05.2016

Agentur für Erneuerbare Energien (2016e): Wind, in:

https://www.unendlich-viel-energie.de/erneuerbare-energie/wind

abgerufen am 17.05.2016

Agricola, A., Weber, A. (2014): Power to Gas: Systemlösung für die Energiewende, in: DVGW, energie | wasser-praxis 12/2012, S.69-71, Bonn 2012

Antoni, J., Kostka, Johannes (2012): Wege zur Wirtschaftlichkeit von Power-to-Gas-Anlagen, in: DVGW, energie | wasser-praxis 12/2012, S.100-103, Bonn 2012

Arbeitsgemeinschaft Energiebilanzen e.v. (AGEB) (2016a): Der Strommix in Deutschland im Jahr 2015, Stand 02/2016, in:

https://www.unendlich-viel-energie.de/mediathek/grafiken/strommix-in-deutschland-2015

abgerufen am: 10.07.2016

Arbeitsgemeinschaft Energiebilanzen e.v. (AGEB) (2016b): Bruttostromerzeugung nach Energieträgern in Milliarden Kilowattstunden, in:

http://www.bmwi.de/DE/Themen/Energie/Strommarkt-der-Zukunft/zahlen-fakten.html

abgerufen am: 11.07.2016

Arbeitsgruppe Erneuerbare Energien-Statistik (AGEE-Stat) (2015a): Wärme aus Erneuerbaren Energien 2014; Stand 10/2015, in:

https://www.unendlich-viel-energie.de/mediathek/grafiken/waerme-aus-erneuerbaren-energien

abgerufen am: 10.07.2016

Arbeitsgruppe Erneuerbare Energien-Statistik (AGEE-Stat) (2015b): Entwicklung des Anteils erneuerbarer Energien am Bruttoendenergieverbrauch in Deutschland, Stand 12/2015, in:

http://www.erneuerbare-energien.de/EE/Navigation/DE/Service/Erneuerbare_Energien_in_Zahlen/Entwickl ung_der_erneuerbaren_Energien_in_Deutschland/entwicklung_der_erneuerbaren_e nergien_in_deutschland_im_jahr_2015.html

abgerufen am: 11.07.2016

Arbeitsgruppe Erneuerbare Energien-Statistik (AGEE-Stat) (2016): Entwicklung der Stromerzeugung und der installierten Leistung von Windenergieanlagen an Land und auf See in Deutschland, Stand 02/2016, in: http://www.erneuerbare-energien.de/EE/Redaktion/DE/Textbausteine/Banner/banner_windkraft.html;jsessio nid=2635527801F799DB75F1EF589D9FF08D

abgerufen am: 10.07.2016

Audi AG (2013): Das Audi-Technologiemagazin 2/2013, Ingolstadt 2013

Audi Media Center - Kommunikation Technologie und Innovationen (2015): Power aus Gas: Der neue Audi A4 Avant g-tron, in:

https://www.audi-mediacenter.com/de/fotos/album/audi-a4-avant-g-tron-472

abgerufen am: 12.07.2016

Audi Media Center - Kommunikation Technologie und Innovationen (2016): Neues Verfahren zur Herstellung des synthetischen Kraftstoffs Audi e-gas, Ingolstadt/Allendorf Eder 2016

Bayerisches Staatsministerium für Wirtschaft, Infrastruktur, Verkehr und Technologie (2013): Handlungsempfehlung „Power-to-Gas", München 2013

Bundesministerium für Wirtschaft und Energie (2016a): Zeitreihen zur Entwicklung der erneuerbaren Energien in Deutschland, Berlin 2016

Bundesministerium für Wirtschaft und Energie (2016b): Solarenergie, in:

http://www.erneuerbare-energien.de/EE/Navigation/DE/Technologien/Solarenergie/solarenergie.html

abgerufen am 20.05.2016

Deutsche Energie-Agentur GmbH (dena) (2016): Power-to-Gas-Pilotanlage Allendorf, , in:http://www.powertogas.info/power-to-gas/pilotprojekte-im-ueberblick/pilotanlage-	allendorf/,

abgerufen am: 04.07.2016

Deutsche Energie-Agentur GmbH (dena) (2012): Integration erneuerbaren Stroms in das Erdgasnetz. Power to Gas – eine innovative Systemlösung für die Energieversorgung von morgen entwickeln, Berlin 2012

Deutsche Energie-Agentur GmbH (dena) (2013): Power to Gas. Eine innovative Systemlösung auf dem Weg zur Marktreife, Berlin 2013

Deutsche Energie-Agentur GmbH (dena) (2015): Systemlösung Power to Gas. Chancen, Herausforderungen und Stellschrauben auf dem Weg zur Marktreife, Berlin 2015

Deutsche Energie-Agentur GmbH (dena) (o.J.): Geschäftsmodelle, in:

http://www.powertogas.info/power-to-gas/spartenuebergreifende-systemloesung/geschaeftsmodelle/

abgerufen am: 09.07.2016

Deutscher Verein des Gas- und Wasserfaches e.V. (DVGW) (2013): energie | wasser-praxis - DVGW-Jahresrevue 12/2013, Bremen 2013

Deutscher Verein des Gas- und Wasserfaches e.V. (DVGW) (2014a): Abschlussbericht Wasserstofftoleranz der Erdgasinfrastruktur inklusive aller assoziierten Anlagen, Bonn 2014

Deutscher Verein des Gas- und Wasserfaches e.V. (DVGW) (2015): Mit Gas-Innovationen in die Zukunft, Bonn 2015

Deutscher Verein des Gas- und Wasserfaches e.V. (DVGW) (2014b): energie | wasser-praxis Ausgabe 11/2014, Bonn 2014

EEG (2014): Erneuerbare-Energien-Gesetz vom 21. Juli 2014 (BGBl. I S. 1066), das zuletzt durch Artikel 2 Absatz 10 des Gesetzes vom 21. Dezember 2015 (BGBl. I S. 2498) geändert worden ist, BGBl. I S. 2014

EnWG (2005): Energiewirtschaftsgesetz vom 07.07.2005, in BGBl. I S. 1970, 3621, das durch Artikel 2 des Gesetzes vom 10.12.2015 (BGBl. I S. 2194) geändert worden ist.

Fraunhofer- Institut für Umwelt-, Sicherheits- und Energietechnik UMSICHT
(2013): Speicher für die Energiewende, Sulzbach-Rosenberg 2013

GasNZV (2010): Gasnetzzugangsverordnung vom 03.09.2010, in BGBl. I S. 1261, die
zuletzt durch Artikel 314 der Verordnung vom 31.08.2015 (BGBl. I S. 1474)
geändert worden ist.

Gryczke, R. (2016): Power to Gas für saubere Mobilität Weltneuheit bei Viessmann, in:
http://www.invitech.de/power-to-gas-fuer-saubere-mobilitaet/
abgerufen am: 04.07.2016

ITAS – Institut für Technikfolgeaschätzung und Systemanalyse (2013): Erzeugung
und Nutzung biogener Gase in Baden-Württemberg, Neukirchen 2013

Kästner, T. , Kießling, A. (2016): Energiewende in 60 Minuten – Ein Reiseführer durch
die Stromwirtschaft, Wiesbaden 2016

Kleinknecht, K. (2015): Risiko Energiewende – Wege aus der Sackgassen, Berlin 2015

Paschotta, R. (o.J.): Pumpspeicherkraftwerke,   in:
https://www.energie-lexikon.info/pumpspeicherkraftwerk.html

abgerufen am 10.05.2016

Specht, Dr. M., Baumgart, F., Feigl, B. et al (2009): Speicherung von Bioenergie und
erneuerbarem Strom im Erdgasnetz, in: Forschung für globale Märkte erneuerbarer
Energien (FVEE), Berlin 2009

Umweltbundesamt (2014): Ausbau   des   deutschen   Stromnetzes,   in:
http://www.umweltbundesamt.de/daten/energiebereitstellung-verbrauch/ausbau-
des-deutschen-stromnetzes
abgerufen am 17.05.2016

Umweltbundesamt (2016): Erneuerbare Energien, in:
https://www.umweltbundesamt.de/themen/klima-energie/erneuerbare-energien

abgerufen am: 09.07.2016

Valentin, F, Bredow, H. (2011): Power-to-Gas: Rechtlicher Rahmen für Wasserstoff und synthetisches Gas aus erneuerbaren Energien, in Energiewirtschaftliche Tagesfragen, Heft 12, Berlin 2011

Verband kommunaler Unternehmen e.V. (VKU) (2015): Power to Gas- Chancen und Risiken für kommunale Unternehmen, Berlin 2015

Viessmann Deutschland AG (2013): Power to Gas: Überschussstrom im Gasnetz speichern, Allendorf 2013

Viessmann Deutschland AG (2015): Vermarktungsstart für synthetisches Erdgas aus der Power-to-Gas- Anlage Allendorf (Eder), Pressetext Allendorf 2015

Viessmann Deutschland AG (2016): Schlüsseltechnologie für das Gelingen der Energiewende, Pressetext Allendorf 2016

Zukunft ERDGAS GmbH (2016): Wirksames Wegwerfstrom-Recycling ,in: https://www.zukunft-erdgas.info/markt/erneuerbares-erdgas/power-to-gas abgerufen am: 14.05.2016